Tamilnayagan Thangavel
Muthukumar Muthamilselvan

Begomovirus - "Ameaça emergente para a cultura de cucurbitáceas na Índia"

Tamilnayagan Thangavel
Muthukumar Muthamilselvan

Begomovirus - "Ameaça emergente para a cultura de cucurbitáceas na Índia"

ScienciaScripts

Imprint
Any brand names and product names mentioned in this book are subject to trademark, brand or patent protection and are trademarks or registered trademarks of their respective holders. The use of brand names, product names, common names, trade names, product descriptions etc. even without a particular marking in this work is in no way to be construed to mean that such names may be regarded as unrestricted in respect of trademark and brand protection legislation and could thus be used by anyone.

Cover image: www.ingimage.com

This book is a translation from the original published under ISBN 978-620-2-07027-0.

Publisher:
Sciencia Scripts
is a trademark of
Dodo Books Indian Ocean Ltd. and OmniScriptum S.R.L publishing group

120 High Road, East Finchley, London, N2 9ED, United Kingdom
Str. Armeneasca 28/1, office 1, Chisinau MD-2012, Republic of Moldova, Europe
Printed at: see last page
ISBN: 978-620-8-24452-1

ÍNDICE DE CONTEÚDOS

CAPÍTULO 1 2

CAPÍTULO 2 12

CAPÍTULO 3 28

CAPÍTULO 4 33

CAPÍTULO 1

1. Levantamento e monitorização da incidência de begomovírus e mosca branca nos principais distritos de cultivo de cabaça de freixo de Tamil Nadu

O inquérito foi efectuado nas principais zonas de cultivo de cabaça de freixo de Tamil Nadu, *nomeadamente* Eraiyur, Kuvadu, Govindhapuram, Ellaigramam, Pugaipatti, Periyanolambai, Andapattu, Ongur, Pillur e Tindivanam no distrito de Viluppuram, Jakkarpalayam, Ganapathypalayam e Udumalpet no distrito de Tirupur, Periyanahalli e Mangarai, no distrito de Dharmapuri, e Coimbatore, Pollachi e Kinathukadavu, no distrito de Coimbatore, para monitorizar a incidência de moscas brancas e begomovírus e avaliar a perda de rendimento devida ao begomovírus nas explorações dos agricultores (quadro 1; Figura 1). Foi realizado um inquérito no terreno para monitorizar a incidência de moscas brancas e begomovírus e para avaliar a perda de rendimento devida ao begomovírus nos quatro principais distritos de cultivo de cabaça de freixo de Tamil Nadu, *nomeadamente* Coimbatore, Tirupur, Viluppuram e Dharmapuri, abrangendo dezoito locais. Os resultados revelaram que o número máximo de 4,3 moscas brancas por planta foi registado nas zonas de Andapattu e Tindivanam do distrito de Viluppuram, contra o número mínimo de 1,6 moscas brancas por planta na aldeia de Kinathukadavu do distrito de Coimbatore. Do mesmo modo, registou-se uma incidência máxima de begomovírus de 62,7% no distrito de Viluppuram e uma incidência mínima de 30,8% no distrito de Coimbatore. No que se refere à avaliação da perda de rendimento devido à incidência de begomovírus, a perda máxima de rendimento até 65,2 por cento foi registada no distrito de Viluppuram, seguido dos distritos de Tirupur (64,1 por cento), Dharmapuri (60,9 por cento) e Coimbatore (51,4 por cento). Como a incidência de moscas brancas (2,2 por planta) e de begomovírus (30,8 PDI) foi registada como sendo a mínima no distrito de Coimbatore, a perda de rendimento foi registada como sendo a mínima (51,4%). Uma vez que a incidência de moscas brancas (4,0 por planta) e de begomovírus (62,7 PDI) foi registada como sendo máxima no distrito de Viluppuram, a perda de rendimento devida a begomovírus foi registada como sendo máxima até 65,2 por cento (quadro 2). Os resultados estão de acordo com as conclusões de Bisimwa *et al.* (2012), que referiram que a incidência da doença do begomovírus na batateira se situava entre 9,5 e 37,8 por cento com menos de 3 insectos por folha quando a altitude era superior a 1500 m, enquanto a incidência da doença variava entre 65 e 100 por cento com mais de 10 insectos.

Location	GIS co-ordinate	Name of the farmer	Variety/ Hybrid	Area (ha)	Stage of the crop
Viluppuram					
Eraiyur	11°46’50.94” N 79°11’51.9” E	Mr. David	MH1	1.0	Fruiting
Kuvadu	11°47’03.30” N 79°13’52.10” E	Mr. Pitchairaj	MH1	0.5	Harvesting
Govindhapuram	11°39.28’96” N 79°14’42.13” E	Mr. Muthuvel	MH1	1.0	Fruiting
Ellaigramam	11°47’40.30” N 79°13’11.06” E	Mr. Martin	MH1	1.0	Fruiting
Pugaipatti	11°44’42.10” N 79°11’21.90” E	Mr. Alphons	MH1	1.0	Fruiting
Periyanolambai	12°25’51.56” N 79°20’14.65” E	Mr. Velayuthum	MH1	0.5	Harvesting
Andapattu	12°15’15.17” N 79°45’14.43” E	Mr. James	MH1	1.5	Harvesting
Ongur	12°19’37.78” N 79°46’40.21” E	Mr. Sasikumar	MH1	1.0	Fruiting
Pillur	11°53’05.27” N 79°31’25.72” E	Mr. Kumar	MH1	1.5	Harvesting
Tindivanam	12°14’12.78” N 79°38’59.82” E	Mr. Kannan	MH1	1.25	Fruiting

Quadro 1. Pormenores das explorações agrícolas inquiridas e monitorizadas para a documentação da incidência de begomovírus e moscas brancas em Tamil Nadu durante 2015-2016

Coimbatore					
Kinathukadavu	10°49'20.92" N 77°00'58.12" E	Mr. Arichamy	East-West Gold	1.0	Fruiting
Coimbatore	9°11'28.71" N 77°52'49.10" E	Dept. of Seed Science & Tech. Farm, TNAU	Co 2	0.5	Fruiting
Pollachi	10°39'26.11" N 77°00'38.41" E	Mr. Ramesh	East-West Gold	1.5	Fruiting
Tirupur					
Jakkarpalayam	11°47'15.76" N 77°08'28.77" E	Mr. Chelladurai	Suruchi 3081	1.5	Harvesting
Udukkampalayam	11°01'55.95" N 77°19'46.45" E	Mr. Arumugam	Suruchi 3081	1.0	Fruiting
Udamalpet	10°◦35'04.45" N 77°15'05.20" E	Mr. Raja	Suruchi 3081	1.5	Harvesting
Dharmapuri					
Periyanahalli	12°07'01.18" N 77°55'40.29" E	Mr. Murugan	MH 1	1.0	Harvesting
Mangarai	12°15'12.23" N	Mr. Chinnasamy	MH 1	0.5	Harvesting

Quadro 2. Levantamento, monitorização e documentação da incidência de begomovírus e moscas brancas em Tamil Nadu durante 2015-2016

S. No.	District	Location	Variety/ Hybrid	Stage of the crop	No. of. whiteflies/ 3 leaves/plant	PDI	Yield loss (Per cent)	Weeds in the ecosystem
1.	Viluppuram	Eraiyur	MH1	Fruiting	3.7	37.0	62.38	*Partheneum hysterophorus* *Cyperus rotundus* *Trianthema portulocastrum*
		Kuvadu	MH1	Harvesting	4.2	63.0	65.63	*Cyperus rotundus* *Cynodon dactylon* *Commelina bengalensis*
		Govindhapuram	MH1	Fruiting	3.9	61.0	55.34	*Partheneum hysterophorus* *Cynodon dactylon*
		Ellaigramam	MH1	Fruiting	3.7	68.0	67.62	*Amranthus viridis* *Partheneum hysterophorus* *Cyperus rotundus*
		Pugaipatti	MH1	Fruiting	4.0	65.0	64.7	*Cyperus iria* *Cynodon dactylon*
		Periyanolambai	MH1	Harvesting	3.9	66.1	68.44	*Trianthema portulocastrum* *Cynodon dactylon*
		Andapattu	MH1	Harvesting	4.3	67.0	63.64	*Commelina bengalensis* *Cynodon dactylon*
		Ongur	MH1	Fruiting	4.0	66.4	68.11	*Partheneum hysterophorus* *Amranthus viridis*
		Pillur	MH1	Harvesting	3.9	64.0	59.43	*Partheneum hysterophorus* *Cyperus rotundus* *Cynodon dactylon*
		Mean	-	-	**4.0**	**62.7**	**65.20**	-

S. No.	District	Location	Variety/ Hybrid	Stage of the crop	No. of. whiteflies/ 3 leaves/plant	PDI	Yield loss (Per cent)	Weeds in the ecosystem
2.	Coimbatore	Kinathukadavu	East-West Gold	Fruiting	1.6	12.3	41.43	*Commelina bengalensis* *Trianthema portulocastrum*
		Coimbatore	Co 2	Fruiting	2.3	46.0	62.22	*Cynodon dactylon* *Cyperus iria*
		Pollachi	East-West Gold	Fruiting	2.8	34.0	50.63	*Amranthus viridis* *Cyperus rotundus* *Cynodon dactylon*
		Mean	-	-	**2.2**	**30.8**	**51.43**	-
3.	Tirupur	Jakkarpalayam	Suruchi 3081	Harvesting	3.9	59.3	77.67	*Cyperus rotundus* *Commelina bengalensis* *Trianthema portulocastrum*
		Udukkam-palayam	Suruchi 3081	Fruiting	3.7	61.0	58.25	*Partheneum hysterophorus* *Cynodon dactylon*
		Udamalpet	Suruchi 3081	Harvesting	3.4	62.0	56.1	*Cyperus rotundus* *Cynodon dactylon*
		Mean	-	-	**3.7**	**60.8**	**64.1**	-
4.	Dharmapuri	Periyanahalli	MH 1	Harvesting	3.5	33	60.22	*Trianthema portulocastrum* *Cyperus rotundus* *Cynodon dactylon*
		Mangarai	MH 1	Harvesting	3.0	30	60.22	*Partheneum hysterophorus* *Commelina bengalensis*
		Mean	-	-	**2.2**	**30.8**	**51.43**	-

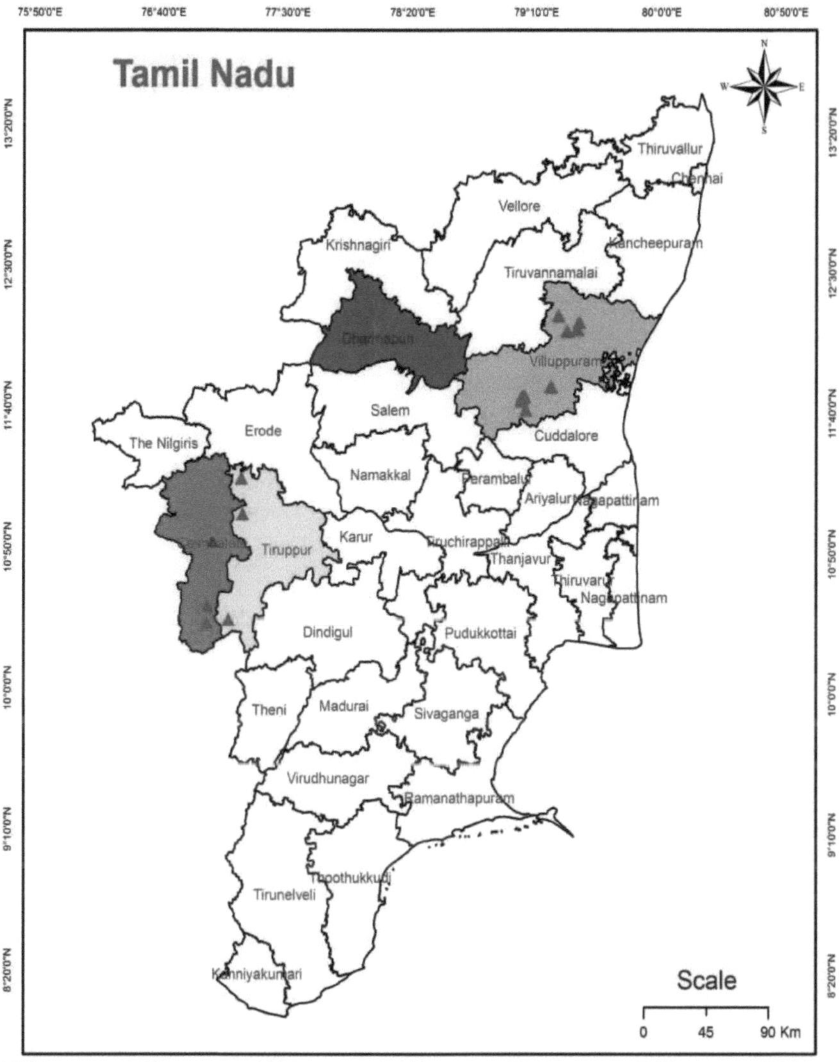

Figura 1. Áreas estudadas e monitorizadas quanto à incidência de moscas brancas e begomovírus em Tamil Nadu

Assim, a partir deste estudo, concluiu-se que o número de moscas brancas e a incidência da doença desempenham um papel direto na perda de rendimento. Mesmo uma única mosca branca virulífera é capaz de transmitir o vírus e causar perdas de rendimento. As práticas de gestão das culturas e os factores climáticos desempenham um papel importante na redução da perda de rendimento devida aos begomovírus que infectam a cabaça de freixo.

Avaliação da população de moscas brancas

Para avaliar a população de moscas brancas em diferentes locais, o número de moscas brancas foi contado em três folhas por planta, uma de cima, outra do meio e outra de baixo, de dez plantas selecionadas aleatoriamente por campo, deixando as linhas fronteiriças (Figura 2).

Avaliação da percentagem de incidência da doença (PDI)

Para calcular a percentagem de incidência da doença, o número total de plantas e o número de plantas infectadas com begomovírus foram contados a partir de duas linhas em todos os quatro lados de cada campo. O PDI foi calculado adoptando a seguinte fórmula (Salam *et al.*, 2011) (Figura 3).

$$\text{Percentagem de incidência da doença} = \frac{\text{Número de plantas infectadas}}{\text{Número total de plantas}} \times 100$$

Avaliação da perda de rendimento

Para avaliar a perda de rendimento devido ao begomovírus, foram selecionadas aleatoriamente dez plantas saudáveis e dez plantas infectadas, que foram etiquetadas com etiquetas amarelas e vermelhas, respetivamente. Tanto as plantas sãs como as infectadas foram monitorizadas durante todo o período de cultivo para determinar a produção de frutos por planta. A percentagem de perda de rendimento foi calculada utilizando a seguinte fórmula (Quadro 1).

$$\text{Perda de rendimento em percentagem} = \frac{\text{Rendimento por planta sã (kg) - Rendimento por planta infetada (kg)}}{\text{Rendimento por planta sã (kg)}} \times 100$$

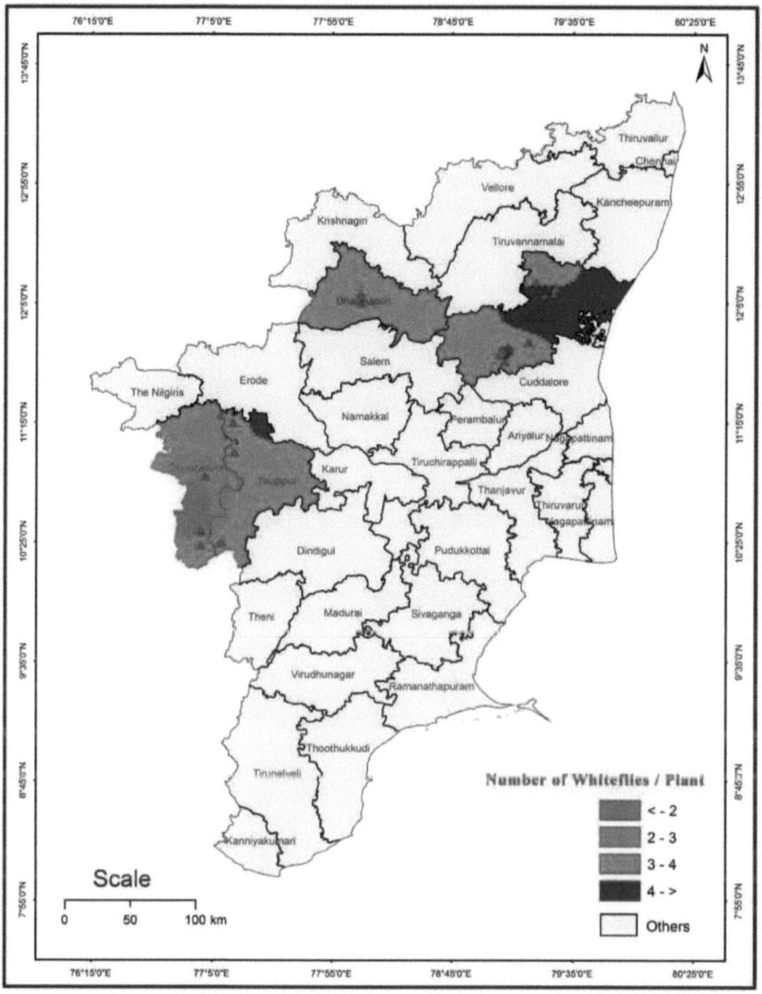

Figura 2. Levantamento e monitorização de *Bemisia tabaci* nas principais zonas de cultivo de cabaça de freixo de Tamil Nadu

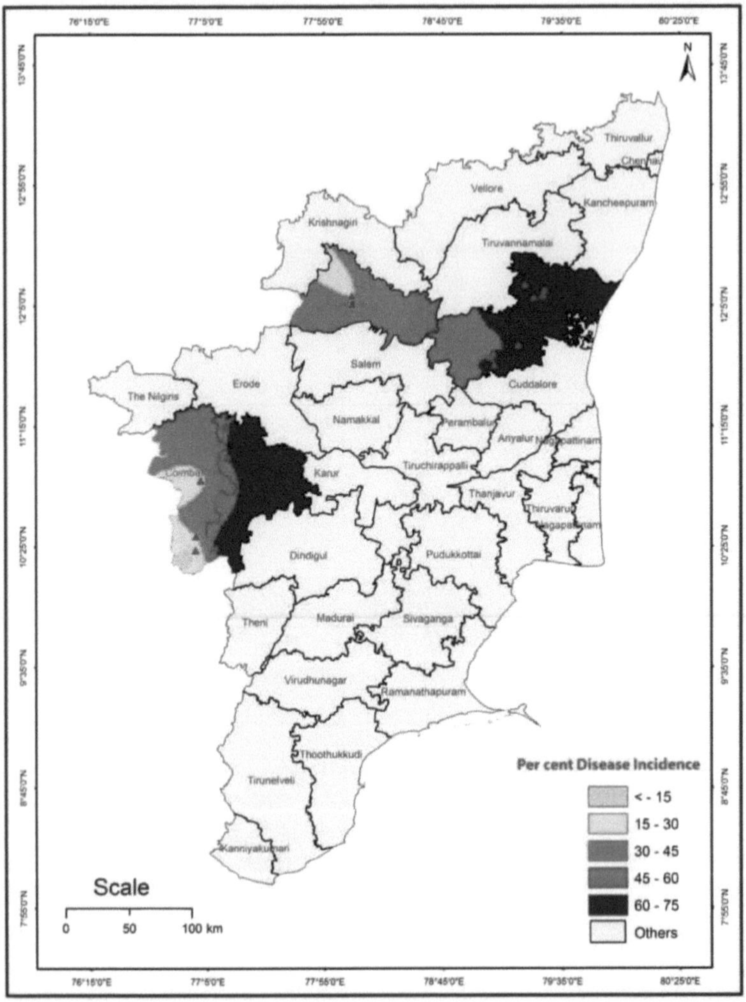

Figura 3. Levantamento e monitorização da incidência de begomovírus nos principais distritos de cultivo de cabaça de freixo de Tamil Nadu

Placa 1. Vista experimental da avaliação da perda de rendimento

Marcação de plantas saudáveis com fita amarela

Marcação de plantas infectadas com fita vermelha

CAPÍTULO 2

Abundância sazonal de insectos pragas da cabaça de freixo

A abundância sazonal de insectos pragas da cabaça de freixo foi registada pelo método de contagem direta na TNAU, Coimbatore, entre dezembro de 2015 e fevereiro de 2016. Foram feitas observações semanais em dez plantas selecionadas aleatoriamente. As pragas sugadoras, como moscas brancas, pulgões, tripes e cigarrinhas, foram registadas em três folhas por planta, uma no topo, outra no meio e outra na base da planta. Para avaliar a população de ácaros vermelhos, foi registado o número de ácaros presentes num centímetro de folha^2 . A população de desfolhadores, *nomeadamente o escaravelho* vermelho da abóbora e a lagarta da abóbora, foi registada em número de desfolhadores por planta e os danos causados pelo mineiro das folhas foram expressos em percentagem de folhas danificadas. As contagens semanais da população de pragas foram correlacionadas com os parâmetros meteorológicos semanais, *nomeadamente* a temperatura máxima (Tmax), a temperatura mínima (T_{min}), a humidade relativa (RH), a precipitação e a radiação solar (Anexo I), obtidos na estação meteorológica automática instalada na Tamil Nadu Agricultural University, Coimbatore.

Monitorização da abundância sazonal de pragas de insectos

Os resultados da monitorização da abundância sazonal de insectos pragas da cabaça de freixo revelaram que o número mais elevado de *B. tabaci* foi registado durante a terceira semana padrão (3,30 / 3 folhas / planta), enquanto o número mais baixo foi registado durante a sétima semana padrão (1,00) (Quadro 3; Figura 4). Janu (2006) registou uma população máxima durante dezembro e janeiro. De acordo com o relatório de Muniyappa *et al.* (2003), a incidência da doença do mosaico das nervuras amarelas da abóbora nas cucurbitáceas e a perda de rendimento associada foram máximas durante os meses de fevereiro a maio, quando a população do vetor estava no seu pico. Quanto às cigarrinhas, o maior número de *Amrasca devastans* foi registado durante a segunda semana padrão (0,30 / 3 folhas / planta) e foi nulo durante a sexta semana padrão (Quadro 3; Figura 5). De acordo com Anitha (2007), o pico de incidência de cigarrinhas foi registado durante a primeira semana de janeiro de 2006 (18,4/3 folhas) e observou-se um declínio gradual na população de cigarrinhas. O maior número de *Myzus persicae* foi registado durante a terceira semana padrão (11,20/3 folhas *I* planta) e o menor durante a oitava semana padrão (1,00) (Quadro 3; Figura 6).

Tabela 3. Abundância sazonal de insectos pragas da cabaça de freixo durante 2015-2016

Year/ Month	SMV	Number of insects / 3 leaves / plant*				Number of insects / plant*		*Tetranychus urticae* / cm^2 leaf area*	Per cent leaf damage by *Liriomyza trifolii**
		Bemisia tabaci	*Amrasca devastans*	*Myzus persicae*	*Scirtothrips dorsalis*	*Diphania indica*	*Raphidopalpa foveicollis*		
2015									
December	SMW 52	0.70	0.20	3.10	0.00	0.00	1.90	0.00	0.00
	SMW 53	2.30	0.20	7.00	0.90	0.00	2.20	0.80	0.00
2016									
January	SMW 01	3.00	0.20	7.80	2.10	0.00	1.20	0.80	0.00
	SMW 02	1.40	0.30	9.00	0.80	0.00	0.90	0.40	0.00
	SMW 03	3.30	0.30	11.20	2.00	0.00	0.80	1.20	1.80
	SMW 04	1.60	0.30	6.40	3.80	1.50	0.20	3.80	2.70
February	SMW 05	0.60	0.30	4.80	7.20	1.40	0.00	9.40	3.50
	SMW 06	1.10	0.00	3.60	4.40	0.70	0.00	6.20	9.20
	SMW 07	0.00	0.00	2.00	5.90	2.00	0.00	12.20	14.00
	SMW 08	1.20	0.00	0.00	7.00	1.20	0.00	13.30	17.50
March	SMW 09	1.10	0.00	0.00	7.50	2.00	0.00	13.40	23.70
	SMW10	0.70	0.00	0.00	5.80	1.90	0.00	17.10	13.00
	SMW11	1.00	0.00	0.00	7.50	1.20	0.00	17.50	9.50
	SMW12	0.70	0.00	0.00	5.80	1.10	0.00	18.20	4.20

* Mean of observations taken on 10 plants; SMW - Standard Metrological Week

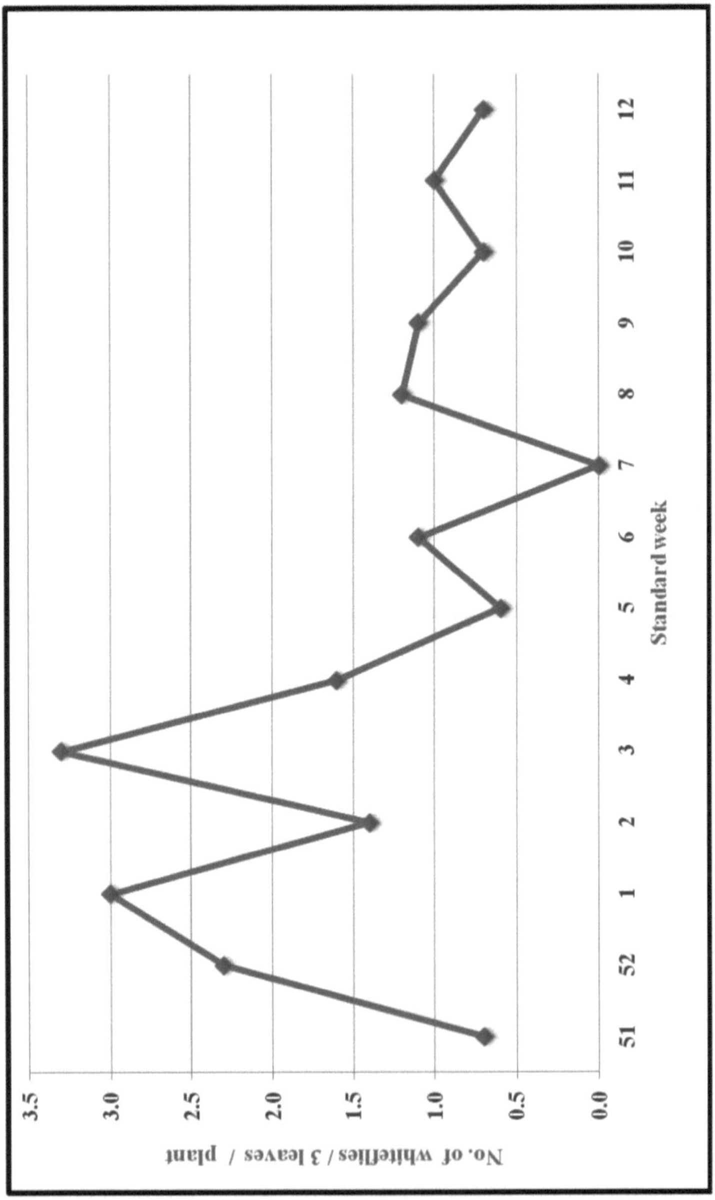

Figura 4. Abundância sazonal de *Bemisia tabaci* infestando cabaça de freixo durante 2015-2016

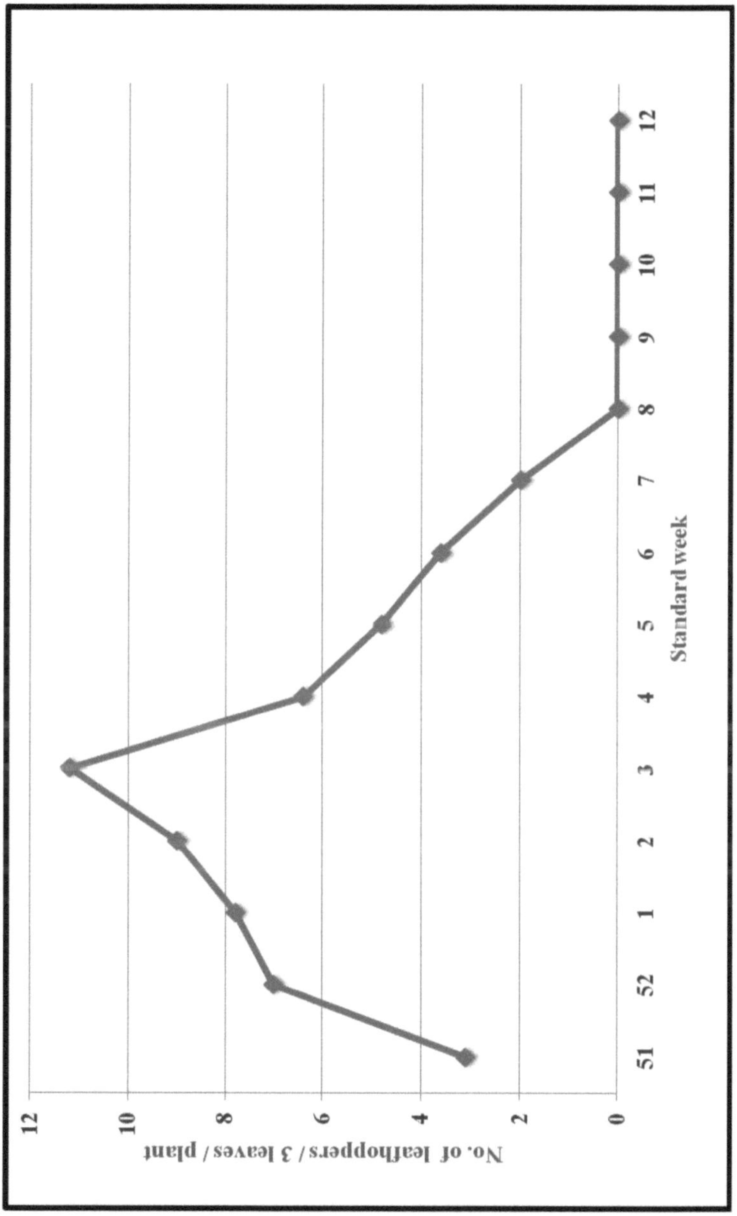

Figura 5. Abundância sazonal de *Amrasca devastans* infestando cabaça de freixo durante 2015-2016

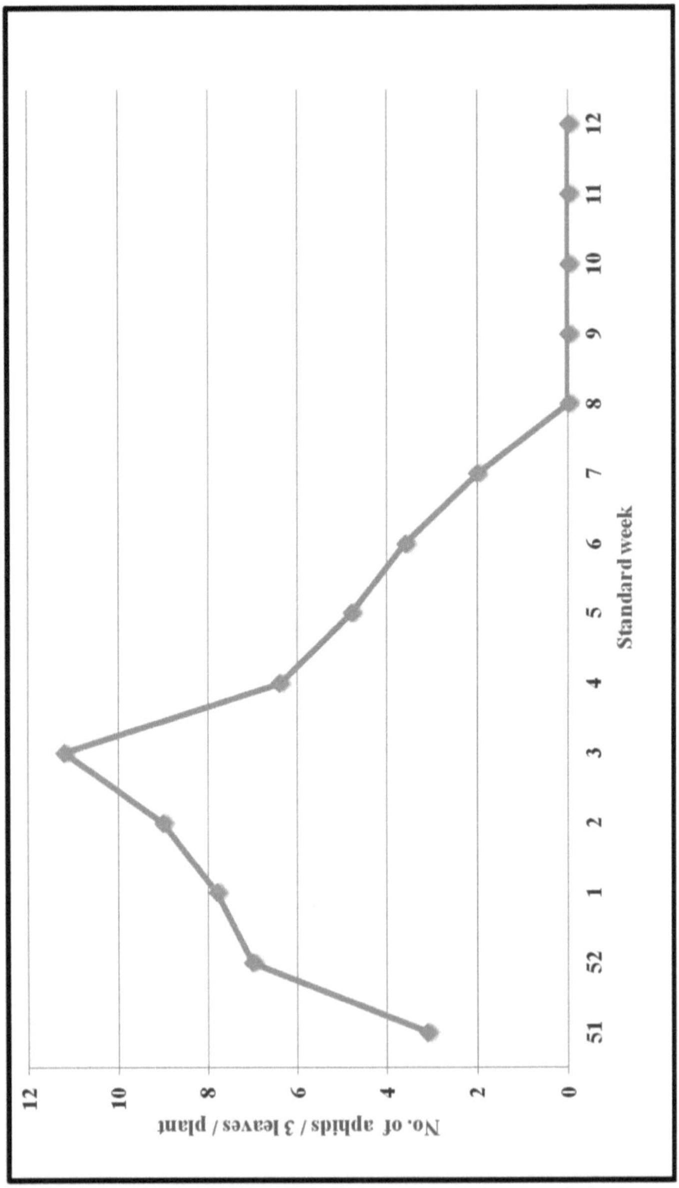

Figura 6. Abundância sazonal de Myzus persicae infestando cabaça de freixo durante 2015-2016

diminuiu durante o mês de dezembro e aumentou gradualmente durante o mês de janeiro. Anitha (2007) também observou o pico de incidência de pulgões (24,9 pulgões/ 3 folhas) durante a primeira semana de janeiro e a população de pulgões diminuiu gradualmente a partir daí. No presente estudo, a população de *Scirtothrips dorsalis* foi registada como a mais elevada durante a décima primeira semana padrão (7,50 / três folhas *I* planta) e foi considerada nula durante a quinquagésima segunda semana padrão (Quadro 3; Figura 7). O número máximo de 7,5 larvas *de Diphania indica* por planta foi registado durante a sétima semana padrão, enquanto a população de larvas foi nula durante a quinquagésima segunda semana padrão (Quadro 3; Figura 8). Estes resultados estão de acordo com as conclusões de Barma e Jha (2014) sobre a cabaça pontiaguda, que registaram o pico de incidência de *D. indica* durante a primeira semana de março. No presente estudo, a população do escaravelho vermelho da abóbora, *Raphidopalpa foveicollis*, foi registada como sendo máxima durante a quinquagésima segunda semana (2,20 / planta), contra uma população nula durante a quinta semana padrão (Quadro 3; Figura 9). Enquanto isso, Purohit *et al.* (2010) relataram que a população do besouro vermelho da abóbora atingiu seu pico com o máximo de 4,0 besouros / 5 plantas durante outubro de 2008 e diminuiu depois disso até a primeira semana de dezembro. O número de *Tetranychus urticae* foi registado como o mais elevado durante a décima segunda semana padrão (18,20 / cm^2 área foliar) e foi registado como nulo durante a quinquagésima segunda semana padrão (Quadro 3; Figura 10). Estes resultados estão de acordo com as conclusões de Meena *et al.* (2013), que referiram que a população de ácaros diminuiu de forma inconsistente à medida que a humidade relativa atmosférica aumentou, com a população mais baixa durante a primeira quinzena de dezembro devido a temperaturas muito baixas. Os danos foliares causados por *Liriomyza trifolii* foram registados como sendo máximos (23,7%) durante a nona semana padrão, enquanto não se observaram danos foliares durante a quinquagésima segunda semana padrão (Quadro 3; Figura 11).

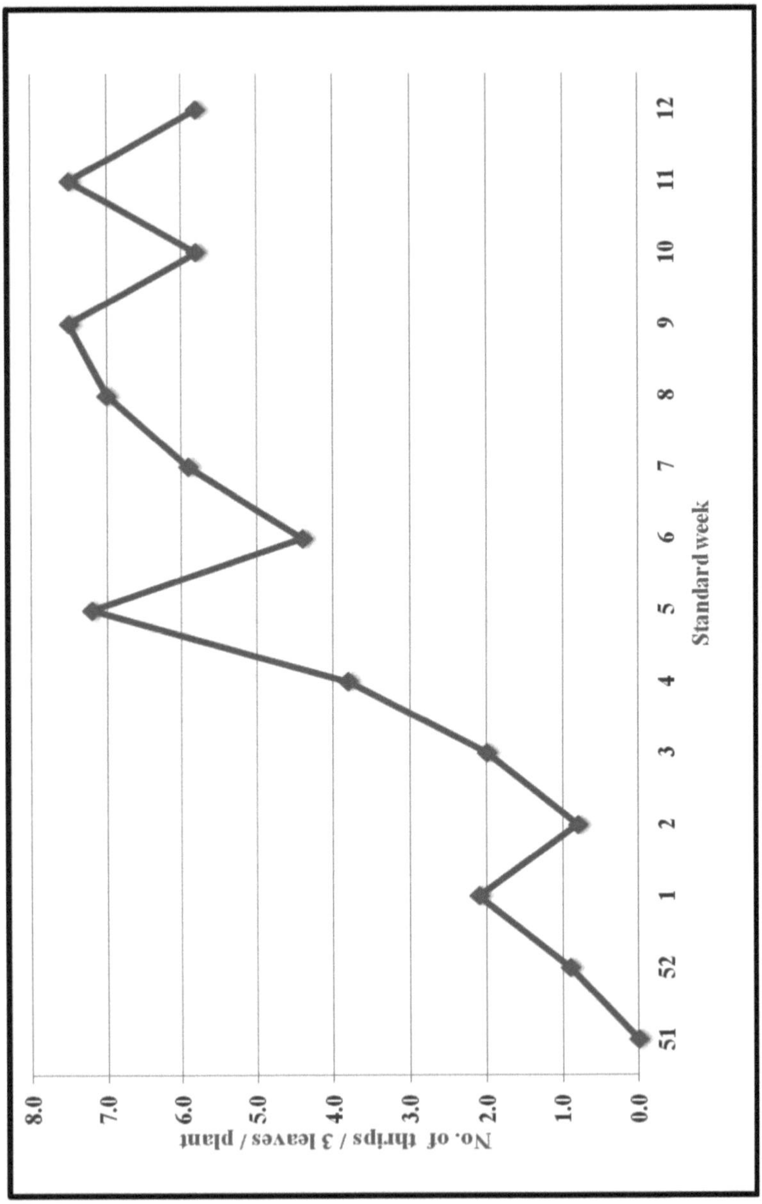

Figura 7. Abundância sazonal de *Scirtothrips dorsalis* infestando a cabaça do freixo durante 2015-2016

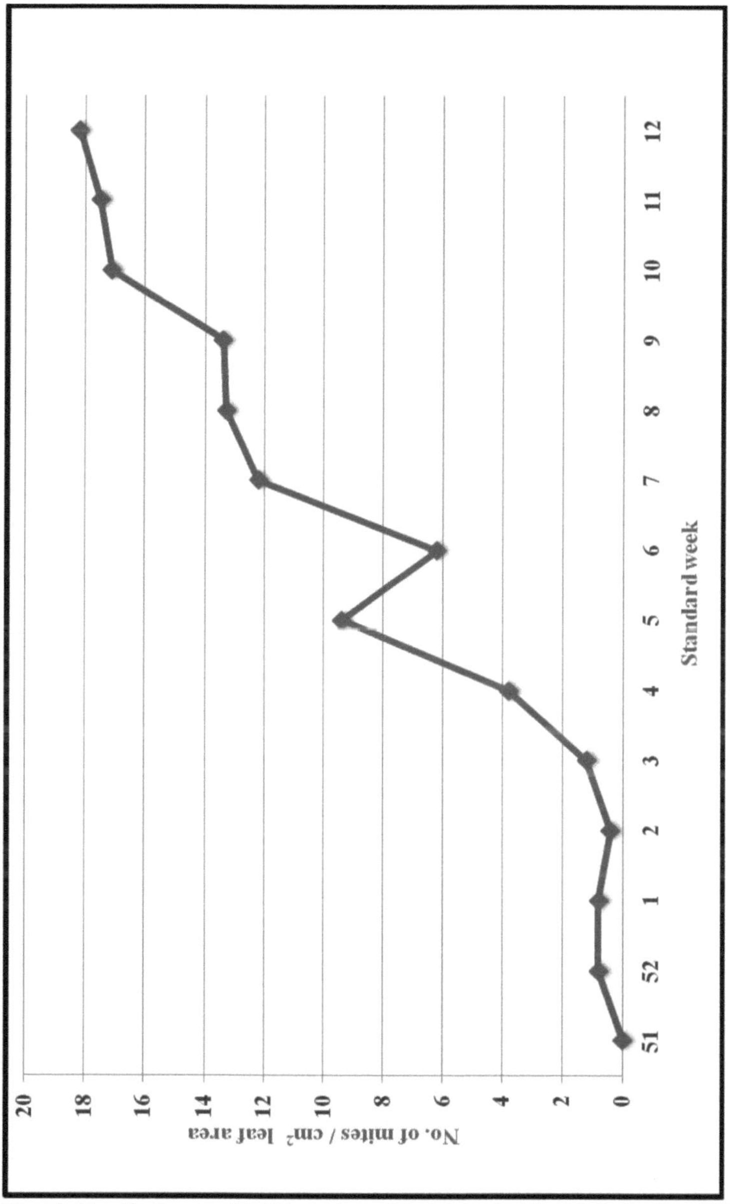

Figura 8. Abundância sazonal de Tetranychus urticae infestando cabaça de freixo durante 2015-2016

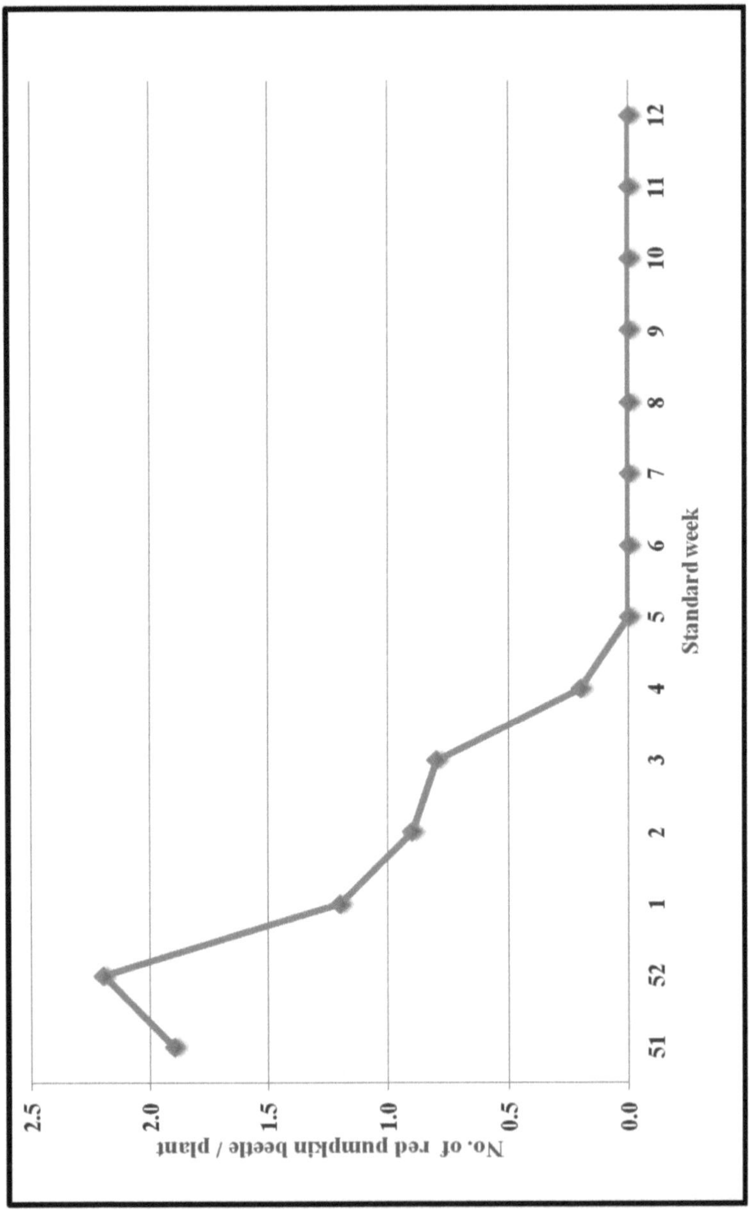

Figura 9. Abundância sazonal de *Raphidopalpa foveicollis* infestando cabaça de freixo durante 2015-2016

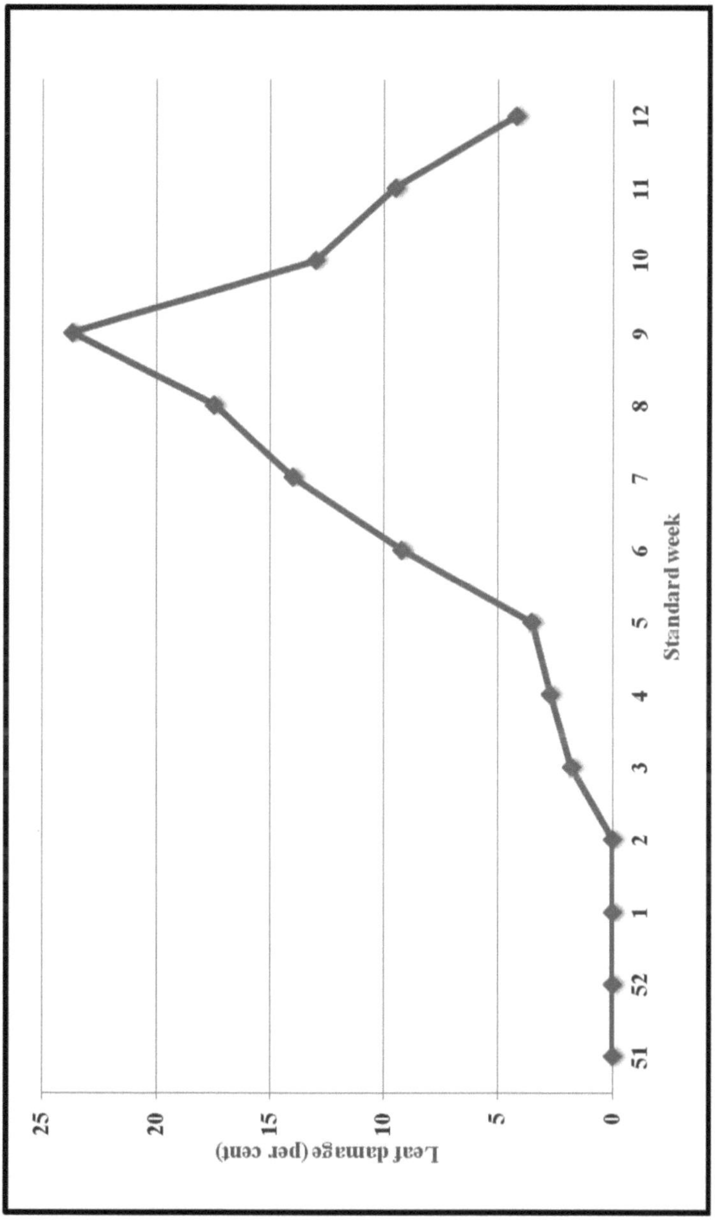

Figura 10. Abundância sazonal de *Liriomyza trifolii* infestando cabaça de freixo durante 2015-2016

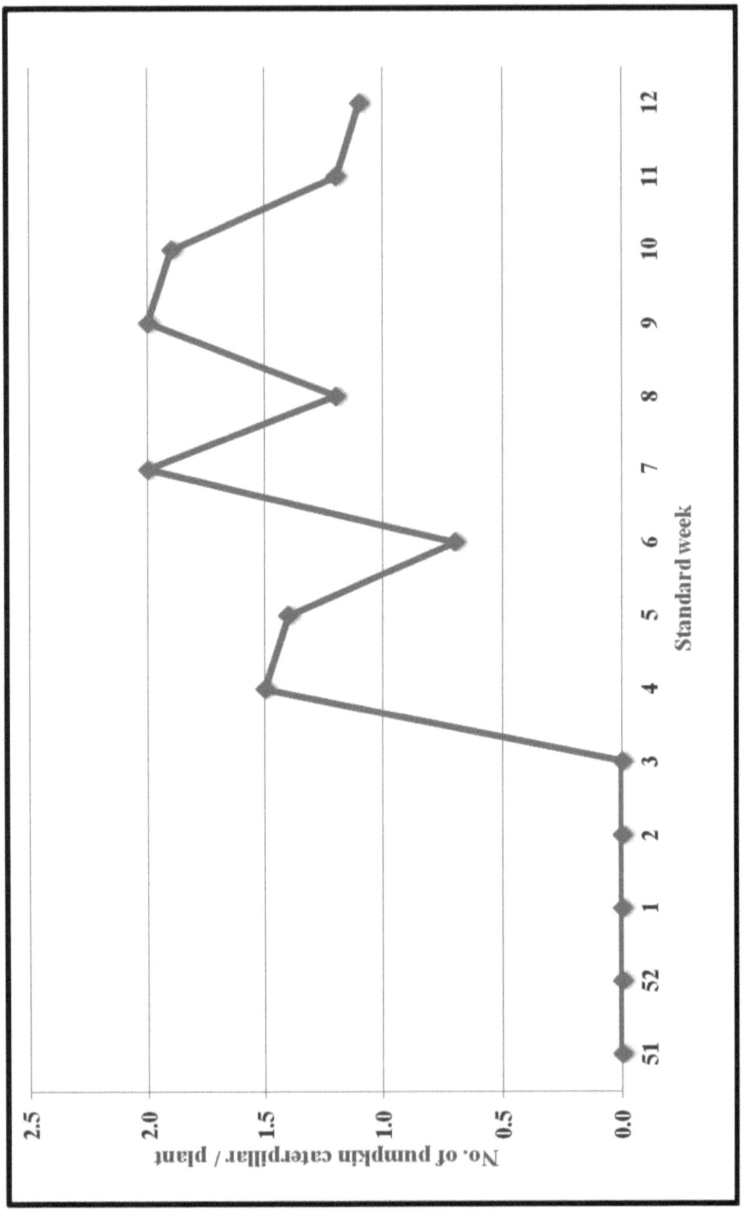

Figura 11. Abundância sazonal de *Diphania indica* infestando cabaça de freixo durante 2015-2016

Correlação entre os parâmetros meteorológicos e a abundância de insectos pragas da cabaça de freixo

Os resultados da análise de correlação entre os parâmetros meteorológicos e as pragas de insectos da cabaça de freixo revelaram que a temperatura máxima e as horas de sol estavam positivamente correlacionadas com a população de moscas brancas, com um valor de r de 0,708 e 0,646, respetivamente, e que eram estatisticamente significativas a um nível de 5 por cento. A temperatura máxima, a humidade relativa matinal e as horas de sol foram positivamente correlacionadas com a população de cigarrinhas, com o valor de r de 0,633, 0,546 e 0,589 ao nível de 1 por cento de significância, enquanto a precipitação foi negativamente correlacionada (r = -0,66) (Quadro 4). Relativamente a *M. persicae,* a temperatura máxima e as horas de sol tiveram uma correlação positiva significativa com a população de afídeos, com um valor de r de 0,641 e 0,723, respetivamente (Quadro 4). A população de *S. dorsalis* e *T. urticae* teve uma correlação positiva significativa com a temperatura máxima e a humidade relativa matinal e uma correlação negativa com a humidade relativa vespertina e a precipitação. A temperatura mínima, a humidade relativa nocturna e a precipitação tiveram uma correlação positiva significativa com a população da lagarta da abóbora e do escaravelho vermelho da abóbora, enquanto a correlação foi negativa com a temperatura máxima e a humidade relativa matinal (quadro 4). A correlação entre os parâmetros meteorológicos e os danos foliares provocados por *L. trifolii* revelou que apenas a temperatura máxima tinha uma correlação negativa significativa com um valor r de - 0,554 (quadro 4). Os resultados acima referidos sobre a análise de correlação entre os parâmetros meteorológicos e a abundância de insectos pragas da cabaça de freixo revelaram que a temperatura, a humidade relativa matinal e as horas de sol desempenharam um papel importante, com uma influência positiva significativa na acumulação da população de pragas sugadoras, *nomeadamente* moscas brancas, cigarrinhas, pulgões, tripes e ácaros. Isto pode dever-se ao elevado potencial de reprodução das pragas sugadoras a altas temperaturas, humidade relativa e horas de sol. Estes resultados estão de acordo com as conclusões de Rajakumar *et al.* (2005), Mahato *et al.* (2008) e Meena *et al.* (2009), que referiram que a temperatura máxima estava positivamente correlacionada com a dinâmica populacional de pragas sugadoras. Em contrapartida, a influência da temperatura máxima, da humidade relativa matinal e das horas de sol foi negativa na dinâmica populacional dos desfolhadores, *nomeadamente o escaravelho* vermelho da abóbora, a lagarta da abóbora e o mineiro das folhas. Isto pode dever-se à influência dos parâmetros acima referidos na disponibilidade de plantas hospedeiras e no potencial de reprodução dos desfolhadores acima referidos.

Tabela 4. Influência dos parâmetros meteorológicos na abundância sazonal de insectos pragas da cabaça de freixo durante 2015-2016

Variables	Correlation coefficient							
	Bemisia tabaci	*Amrasca devastans*	*Myzus persicae*	*Scirtothrips dorsalis*	*Tetranychus urticae*	*Diphania indica*	*Raphidopalpa foveicollis*	*Liriomyza trifolii*
Maximum temperature (T_{max}) (°C)	0.708**	0.633*	0.641*	0.781**	0.713**	-0.753**	-0.821**	-0.554*
Minimum temperature (T_{min}) (°C)	-0.158	-0.455	-0.274	-0.330	-0.373	0.425	0.484	0.441
Morning Relative humidity (%)	0.261	0.546*	0.462	0.725**	0.638*	-0.566*	-0.809**	-0.583
Evening Relative humidity (%)	-0.528	-0.324	-0.476	-0.618*	-0.513	0.453	0.443	0.300
Sun shine (hours)	0.646*	0.589*	0.723**	0.326	0.463	-0.294	-0.082	-0.363
Rainfall (mm)	-0.197	-0.066	-0.168	-0.431	-0.191	0.197	0.284	0.191

* Correlation coefficient significant at 1% level
**Correlation coefficient significant at 5% level

Análise de regressão linear múltipla entre os parâmetros meteorológicos e a abundância de insectos pragas da cabaça de freixo

Os resultados da análise de regressão linear múltipla entre os parâmetros meteorológicos e a abundância da população de *B. tabaci* revelaram que a temperatura máxima teve uma contribuição significativa para a população de moscas brancas com o valor R^2 de 0,819.

Quando a temperatura máxima aumentou 1 °C, o número médio de moscas brancas aumentou em 0,792 por três folhas por planta (Quadro 5). A temperatura máxima, a humidade relativa matinal e as horas de sol contribuíram significativamente para o aumento da população de cigarrinhas com o valor R^2 de 0,825.

Quando a temperatura máxima aumentou de 1 °C, o número médio de A *devastans* aumentou de 0,519 por três folhas por planta. Quando a humidade relativa da manhã aumentou 1 por cento, a população de cigarrinhas aumentou 0,416 por cada três folhas por planta. Quando a insolação aumentou em 1 hora, a população de cigarrinhas aumentou em 0,381 por três folhas por planta (Quadro 5). A temperatura máxima e as horas de sol contribuíram significativamente para a população de afídeos com um valor R^2 de 0,817.

Quando a temperatura máxima aumentou em 1 °C, o número médio de *M. persicae* aumentou em 1,293 por três folhas. Quando a exposição solar aumentou 1 hora, a população de afídeos aumentou 2,414 por cada três folhas por planta.

A temperatura máxima e a humidade relativa matinal tiveram uma contribuição significativa para a população de tripes com o valor R^2 de 0,731 (Quadro 5). Quando a temperatura máxima aumentou 1°C, o número médio de *S. dorsalis* aumentou 0,652 por cada três folhas por planta. Quando a humidade relativa da manhã aumentou 1 por cento, a população de tripes aumentou 0,427 por três folhas por planta (Quadro 5).

A temperatura máxima e a humidade relativa matinal tiveram uma contribuição significativa para a população de ácaros com o valor R^2 de 0,652. Quando a temperatura máxima aumentou em 1 °C, o número médio de *T. urticae* aumentou em 0,685 por cm^2 de área foliar.

Quando a humidade relativa da manhã aumentou 1 por cento, a população de ácaros diminuiu 0,427 por cm^2 de área foliar. A temperatura máxima teve uma contribuição significativa para a população do escaravelho da abóbora vermelha com o valor R^2 de 0,819. Quando a temperatura máxima aumentou 1°C, o número médio de *R. foveicollis* diminuiu 0,642 por planta. A temperatura máxima, a humidade relativa matinal e as horas de sol contribuíram significativamente para a população do minador das folhas com um R^2 valor de 0,542 (Quadro 5).

Quando a temperatura máxima aumentou 1°C, os danos nas folhas causados por *L. trifolii* diminuíram 0,695 por cento. Quando a humidade relativa da manhã aumentou 1 por cento, os danos nas folhas causados pelo minador de folhas diminuíram 0,766 por cento.

Quando a luz do sol aumentou em 1 hora, os danos nas folhas diminuíram em 2,75 por cento. A temperatura máxima teve uma contribuição significativa para a população da lagarta da abóbora com o valor R^2 de 0,612. Quando a temperatura máxima aumentou em 1°C, o número médio de *D. indica* diminuiu em 0,71 por planta (Tabela 5). De acordo com Suresh e Chandrakavitha (2007), para cada aumento unitário da temperatura máxima, da humidade relativa nocturna e da precipitação, observou-se uma redução significativa da população de cochonilhas em 8,9, 0,49 e 0,96 unidades, respetivamente, ao passo que, para cada aumento unitário das horas de sol, a população de cochonilhas aumentou em 4,6 unidades.

Variables	Regression coefficient							
	Bemisia tabaci (Y_1)	*Amrasca devastans* (Y_2)	*Myzus persicae* (Y_3)	*Scirtothrips dorsalis* (Y_4)	*Tetranychus urticae* (Y_5)	*Raphidopalpa foveicollis* (Y_6)	*Liriomyza trifolii* (Y_7)	*Diphania indica* (Y_8)
Intercept (a)	43.29	0.750	63.02	-10.822	-12.278	6.528	-5.348	15.394
Maximum temperature (T_{max}) (°C) (X_1)	0.792**	0.519*	1.293**	0.652**	0.685**	-0.642**	-0.695**	-0.710**
Minimum temperature (T_{min}) (°C) (X_2)	-0.022	-0.024	-0.280	-0.183	0.257	0.275	0.794	0.327
Morning Relative humidity (%) (X_3)	0.136	0.416*	0.216	0.427*	-0.427*	-0.142	-0.766**	0.065
Evening Relative humidity (%) (X_4)	-0.054	-0.006	-0.277	-0.130	-0.125	0.087	0.208	-0.064
Sun shine (hours) (X_5)	0.358*	0.380*	2.414**	0.098	0.074	-0.032	-2.751**	-0.029
Rainfall (mm) (X_6)	-0.581	-0.062	-0.262	-1.625	-0.174	0.104	0.374	0.163
R^2	**0.819**	**0.825**	**0.817**	**0.731**	**0.652**	**0.819**	**0.542**	**0.612**

Regression equations

$Y_1 = 43.29 + 0.792X_1$**$-0.022X_2 + 0.136X_3 - 0.054X_4 + 0.358X_5$*$-0.581X_6$

$Y_2 = 0.750 + 0.519X_1$**$-0.024X_2 + 0.416X_3 - 0.006X_4 + 0.380X_5$*$-0.062X_6$

$Y_3 = 63.02 + 1.293X_1$** $- 0.280X_2 + 0.216X_3 - 0.277X_4 + 2.414X_5$** $- 0.262X_6$

$Y_4 = -10.822 + 0.652X_1$** $- 0.183X_2 + 0.427X_3$** $- 0.130X_4 + 0.098X_5 - 1.625X_6$

$Y_5 = -12.278 - 0.685X_1$** $+ 0.257X_2 - 0.427X_3$* $- 0.125X_4 + 0.074X_5 - 0.174X_6$

$Y_6 = 6.528 - 0.642X_1$** $+ 0.275X_2 - 0.142X_3 + 0.087X_4 - 0.032X_5 + 0.104X_6$

$Y_7 = -5.348 - 0.695X_1$** $+ 0.794X_2 - 0.766X_3$** $+ 0.208X_4 - 2.75$[illegible]X_5**$+0.374X_6$

$Y_8 = 15.394 - 0.710X_1$** $+ 0.327X_2 + 0.065X_3 - 0.064X_4 - 0.029X_5 + 0.163X_6$ **Regression coefficient significant at 5% level

*Regression coefficient significant at 1% level

Tabela 5. Análise de regressão linear múltipla para a previsão da abundância sazonal de insectos pragas da cabaça de freixo durante 2015-2016

CAPÍTULO 3

Gestão da mosca branca e dos begomovírus

Tratamento de sementes

Prasanna *et al.* (2004) sugeriram que os tratamentos de sementes com tiametoxam e imidaclopride foram eficazes na supressão da população de mosca branca até 60 dias após o plantio em algodão híbrido. Day *et al.* (2005) relataram que o imidaclopride 70 WS *viz.*, 5,0, 7,5 e 10,0 g/kg de semente proporcionou uma excelente proteção contra moscas brancas e cigarrinhas até 45 dias após a sementeira do algodão. De acordo com Kale *et al.* (2005), o tratamento de sementes com tiametoxam @ 5 g a.i./ha seguido de alfametrina 0,05 por cento em spray foi o tratamento mais eficaz na redução da população de mosca branca no quiabo com maior rendimento e relação custo-benefício. Rana *et al.* (2006) relataram que imidacloprid @ 2 ml, thiamethoxam @ 2 g e carbosulfan @ 4g/kg de semente foram eficazes no controlo da população de mosca branca com maior rendimento no quiabeiro. O tratamento de sementes com imidaclopride proporcionou uma proteção eficaz do quiabeiro contra as cigarrinhas e a população manteve-se abaixo do ETL até 86 dias após a sementeira (Lal e Singh, 2005). Dobbs *et al.* (2006) relataram que o tratamento de sementes com gaucho 4 FS @ 0,25 lb a.i./100 lb de semente produziu um rendimento significativamente maior de algodão (1,321/ ha) do que o controle não tratado (0,48 t/ha). Zhang *et al.* (2011) verificaram que a eficácia das sementes de algodão tratadas com tiametoxame e imidaclopride contra *B. tabaci* era semelhante e a eficácia persistia até 45 dias após a plantação nas experiências de laboratório e estufa e até 2 meses (56 dias) em condições de campo. Netarn *et al.* (2013) descobriram que o imidaclopride 600 FS como adubo de sementes a 0,75 g a.i./kg de sementes foi eficaz contra as pragas sugadoras do algodão até quatro semanas. Jehan *et al.* (2013) afirmaram que o tratamento de sementes com imidaclopride e tiametoxame protegeu as plântulas de algodão contra tripes durante pelo menos 6 semanas a partir da sementeira.

Armadilha adesiva amarela

A monitorização e a vigilância são ferramentas básicas para desenvolver um sistema eficaz de gestão de pragas . Vários investigadores salientaram os benefícios da utilização de diferentes métodos de armadilhagem para monitorizar a população de insectos homópteros. Mound (1962) verificou que *B. tabaci* era atraída pela parte azul-ultra-violeta e amarela do espetro luminoso. Berlinger (1980), Gerling e Horowitz (1984), Musuna (1986), Horowitz (1984) e Rao *et al.* (1989) relataram a eficácia da utilização de armadilhas adesivas amarelas (YST) na monitorização da população de moscas brancas no campo. Butler *et al.* (1986) e Youngman *et al.* (1986) afirmaram que as armadilhas verticais e cilíndricas eram mais eficientes na captura de moscas brancas do que as armadilhas de outros modelos. No entanto, Meyerdirk *et al.* (1986) referiram que as armadilhas com uma superfície horizontal atraíam mais moscas brancas do que as armadilhas com uma superfície vertical. Rao *et al.* (1991) compararam armadilhas pegajosas de cores diferentes para monitorizar a população de *B. tabaci* no algodão na Índia. Blackmer e Byrne (1993) referiram que as populações residentes de moscas brancas se encontravam na proximidade dos seus hospedeiros e raramente precisavam de se deslocar mais do que alguns metros. Também foram registados resultados semelhantes para as moscas brancas na mandioca, em que estas eram predominantemente apanhadas nas armadilhas amarelas colocadas na copa das culturas (Legg, 1994). Byrne *et al.* (1996) estudaram a atividade de voo das moscas brancas, *isto é,* voos curtos triviais que ocorriam dentro e ligeiramente acima da copa das plantas e estavam associados a comportamentos vegetativos como a procura de parceiros, alimentação e locais de oviposição. Outro tipo de atividade de voo foi o movimento a longa distância, que ocorreu quando as moscas brancas aladas deixaram a cultura e foram transportadas pelo vento (Blackmer e Byrne, 1993a). Uthamasamy *et al.* (1990) e Nandihalli *et al.* (1999) verificaram que 30 cm acima do nível do solo atraíam mais adultos de *B. tabaci* do que armadilhas colocadas a alturas de 60, 90 e 120 cm acima do nível do solo em algodão na Índia. De acordo com Pereira e Laurentin (2001), o número de adultos de mosca branca capturados por armadilha pegajosa amarela foi o mais elevado quando colocada a uma altura de 25 e 50 cm do nível do solo em sésamo. Atakan e Canhilal (2004) referiram que a altura da armadilha estava correlacionada com as capturas de moscas brancas, cigarrinhas e tripes das flores ocidentais. À medida que a altura das armadilhas aumentava, o número de insectos capturados diminuía. Foi apanhado um maior número de moscas brancas quando a armadilha foi colocada a 60 cm de altura. O menor número de moscas brancas foi capturado quando a armadilha foi instalada a 120 cm de altura do nível do solo. De acordo com Idris *et al.* (2012), as armadilhas pegajosas amarelas verticais atraíram um maior número de moscas brancas na malagueta.

Pesticidas botânicos

A azadiractina é um composto triterpenóide, que está associado às sementes da árvore do neem, *Azadirachta indica* (Sapindales: Meliaceae) (Mordue e Blackwell, 1993; Morgan, 2009). Este composto tem propriedades pesticidas que são activas contra quase 550 insectos e espécies de pragas, incluindo artrópodes, nemátodos, anelídeos e fungos (Govindachari e Gopalakrishnan, 1998; Veitch *et al.,* 2008; Hatti *et al.,* 2014). É um potente composto antifeedente, repelente e regulador do crescimento numa grande variedade de insectos fitófagos. O seu modo de ação é conhecido por inibir a síntese de ecdisteróides, resultando na inibição do crescimento e da reprodução dos insectos. Por conseguinte, a presença de azadiractina em insectos induz equilíbrios hormonais que resultam na falha da muda ou na deformação dramática em fases imaturas do crescimento. Além disso, a azadiractina demonstrou efeitos citotóxicos, antiproliferativos e antimitóticos em linhas celulares de insectos (Salehzadeh *et al.*, 2003; Anuradha *et al.*, 2007; Kumar e Poehling, 2007). Foi relatado que os efeitos da azadiractina em *B. tabaci* incluem a inibição da regulação do crescimento e a melhoria da eficácia do controlo no terreno (Flint e Parks, 1989; Kumar e Poehling, 2006, 2007). Salalrajan (1988) referiu que a pulverização pré-inoculação com extractos de folhas de *A. indica, Mirabilis jalaba* e *Datura metal* reduziu significativamente o número de plantas infectadas com a doença do vírus do mosaico amarelo do feijão. Também referiu que o óleo de neem a 1 e 5 por cento reduziu o número de plantas infectadas. Mohan (1995) relatou que NSKE 5 por cento reduziu eficazmente a infeção pelo vírus do mosaico amarelo do feijão urdido. Pun (1995) constatou que os derivados de nim causaram uma redução significativa do vírus do mosaico das veias amarelas do quiabo (OYVMV) em condições controladas. Relatou que a aplicação de óleo de nim, NSKE e extrato de folhas de *Bougainvillea* e *Prosopis* três vezes com um intervalo de 15 dias a partir de 15 dias após a sementeira conteve eficazmente a doença OYVMV em condições controladas e resultou numa redução de 60 por cento da incidência da doença em relação ao controlo. De acordo com Asaduzzaman *et al.* (2016), a azadiractina 1 ppm resultou numa mortalidade de 77,5 por cento das moscas brancas 72 horas após o tratamento (HAT). A mortalidade de cento por cento das moscas brancas foi alcançada às 72 HAT quando a azadiractina foi utilizada na concentração de 5 ppm e às 48 HAT na concentração de 10 ppm.

Princípios antivirais

Foi relatado que os princípios antivirais presentes nos extractos de folhas de várias plantas inibem a infeção por muitos vírus de plantas. Para a gestão das viroses das plantas, embora a resistência do hospedeiro desempenhe um papel importante, a disponibilidade de uma fonte fiável de resistência às viroses tem sido considerada um fator limitante. Atualmente, a melhor alternativa para aumentar a resistência das variedades populares de alto rendimento é a utilização de princípios antivirais (AVPs) do reino vegetal. Verificou-se que os AVPs de várias fontes vegetais induzem resistência nas plantas hospedeiras contra doenças virais (Narayanasamy e Ramiah, 1983; Rao *et al.*, 1985; Krishnamoorthi, 1994; Ragupathi, 1995; Aiyanathan, 1995; Kandan *et al.*, 2002). A investigação sobre as AVP atraiu a atenção de muitos cientistas, uma vez que se trata de uma opção mais segura. Foi demonstrada a identificação do gene AVP e a produção de plantas transgénicas que expressam a resistência do gene AVP a um amplo espetro de vírus (Lodge *et al.*, 1993), o que indica a viabilidade desta abordagem para a gestão eficaz de doenças num futuro próximo. A utilização de AVP na gestão das viroses das culturas tem algumas vantagens distintas. Uma vez que as PVA são obtidas a partir de fontes vegetais, não causam fitotoxicidade e são respeitadoras do ambiente. As PVA estão facilmente disponíveis e são menos dispendiosas quando comparadas com os produtos químicos (Karthikeyan *et al.*, 2009). Reddy *et al.* (1992) testaram a eficácia de 11 extractos de plantas na transmissão do vírus do enrugamento do feijão e indicaram que o extrato de folhas de *Mirabilis jalaba* reduziu a transmissão do vírus até 50 por cento e aumentou o período de incubação até 8,8 dias. O óleo de neem e *B. spectabilis* reduziram eficazmente a incidência da doença *do vírus do mosaico das nervuras amarelas da abóbora* (PYVMV) na abóbora (Jayashree, 1996). Lavanya *et al.* (2006) testaram a eficácia de princípios antivirais de espécies não hospedeiras como *Bougainvillea spectabilis, Prosopis chilensis, M. jalaba, Ocimum sanctum* e *Mentha sp* contra a infeção *do vírus da necrose do girassol* (SFNV) no feijão-frade. Os resultados revelaram que os extractos de *B. spectabilis* e *P. chilensis* foram eficazes, com uma redução de 65% na incidência da doença em relação ao controlo. O autor também relatou que o AVP de *B. spectabilis* + leite de cabra mostrou um efeito máximo na altura da planta (148,00 cm), no diâmetro da cabeça (17,75 cm) e na produção de sementes (8,82 g/planta) de girassol, seguido de *P. chilensis* + leite de cabra. Rajinimala *et al.* (2009) verificaram que as plantas de cabaça amarga tratadas com *B. spectabilis* inoculadas com o *vírus do mosaico amarelo da cabaça amarga* (BYMV) registaram uma incidência mínima da doença de 33,33 por cento aos 75 dias após a sementeira, contra 100 por cento no controlo. Karthikeyan *et al.* (2009) referiram que, dos 55 extractos de plantas não hospedeiras analisados, os extractos de folhas de *M. jalaba* e *B. spectabilis* reduziram a infeção *pelo vírus do enrugamento da folha do feijão* (ULCV) em 90% em relação ao controlo, seguido de *P. chilensis* (80,01%) quando aplicado 24 horas antes da inoculação.

Controlo químico

O imidaclopride reduziu significativamente a população de *B. tabaci* e *Trialeurodes vaporariorum* em pepino de estufa (Zakhidov, 2001). Raghuraman e Gupta (2005) avaliaram a eficácia dos neonicotinóides contra *B. tabaci* no algodão e sugeriram que o acteampride e o imidaclopride eram bons substitutos dos insecticidas convencionais. No quiabeiro, o tiaclopride 10 SC @ 20 g/ha reduziu a população de *Amrasca biguttula biguttlula* (8,60/folha) quando comparado com o controlo não tratado (Sinha e Sharma, 2007). Imidacloprid 17.8 SL @ 25 g a.i./ha reduziu significativamente a população do pulgão do quiabo, *Aphis gossypii* (Preetha *et al.*, 2007). Vinaykumar e Malik (2008) referiram que o imidaclopride a 0,02 por cento foi o tratamento mais eficaz no controlo da população do afídeo *Myzuspersicae* (Sulzer), seguido do oxidemetão-metilo (0,05 %) na batateira. Rao *et al.* (2008) afirmaram que o imidaclopride 17,8 SL @ 100 g a.i./ha foi altamente eficaz e registou uma redução de cem por cento na população do pulgão da cana-de-açúcar, *Ceratovacuna lanigera* Zehntner. Sohrabi *et al.* (2011) relataram que a buprofezina era 20, 8 e 7 vezes mais tóxica para os estágios de primeiro, segundo e terceiro instar de *B. tabaci,* respetivamente, do que o imidaclopride. Foi aproximadamente três vezes mais tóxico do que o imidaclopride para as pupas de moscas brancas, mas não teve qualquer efeito sobre os ovos de *B. tabaci.* Aslam *et al.* (2004) avaliaram sete insecticidas diferentes, *nomeadamente* acetamipride 20 SP, imidaclopride 200 SL, bifentrina 10 CE, carbossulfão 20 CE, tiametoxame 25

WG, difentiurão 500 CE e metamorfofos 60 SL, contra *Amrasca devastans, B. tabaci* e *T. tabaci* no algodão e indicaram que o imidaclopride e o acetamipride eram os tratamentos mais eficazes contra os jassídeos, as moscas brancas e os tripes. Muhammad *et al.* (2005) referiram que a buprofezina foi eficaz contra as ninfas e que o imidaclopride, o acetamipride e o diafentiurão foram eficazes contra os adultos de *B. tabaci* no algodão, e Jehan *et al.* (2013) avaliaram a eficácia do imidaclopride e do tiametoxame contra *B. tabaci, A. gossypii, T. tabaci* e *Empoasca spp* no algodão e referiram que ambos os insecticidas resultaram numa mortalidade de 60 e 66,7% de *B. tabaci.* Barrania e Abou Taleb (2014) avaliaram a eficiência de dois inibidores da síntese de quitina (pyriproxyfen e novoluron), três insecticidas neonicotinóides (thiamethoxam, imidacloprid e acetamiprid) e chlorantraniliprole contra *B. tabaci* e *A. gossypii* em algodão e relataram que todos os insecticidas testados foram eficazes contra adultos de *B. tabaci*, exceto chlorantraniliprole.

Gestão integrada das pragas

As moscas brancas são difíceis de controlar com insecticidas e são frequentemente resistentes aos pesticidas (Gerling, 1990). O controlo das ervas daninhas adjacentes aos campos cultivados, a plantação de culturas armadilha, o desbaste e a implementação de períodos sem culturas reduziram a população de vectores em diferentes sistemas de cultivo (Duffiis, 1987 e Gerling, 1990). Na Gestão Integrada de Pragas (IPM), o controlo biológico com entomopatogénios representa um fator de redução potencialmente importante da densidade populacional da mosca branca. Os fungos entomopatogénicos são ideais para programas de GIP porque são relativamente seguros de utilizar e têm um espetro de atividade mais estreito do que os insecticidas químicos (Lacey e Goettel, 1995). Sharma *et al.* (2001) relataram que o módulo de MIP que incluía o plantio de milho + feijão-de-corda como cultura de fronteira, *Setaria* como cultura intercalar, libertação de parasitóides de ovos, instalação de armadilhas de feromonas, aplicação foliar de 5 % de extrato de semente de nim, HaNPV 250 LE/ha e dimetoato reduziu a população de pragas sugadoras *viz, Aphis gossypii, Empoasca* sp., *Thrips tabaci* e *Bemisia tabaci* e bollworms no algodão, quando comparados com a prática não-MIP. De acordo com Ellsworth e Martinez-Carrillo (2001), as datas obrigatórias de plantio e colheita, o saneamento pós-colheita e os períodos livres de hospedeiros, juntamente com o uso estratégico de insecticidas aplicados em cooperação, foram a chave para reduzir a população de *B. tabaci.* De acordo com Driesche e Lyon (2003), a libertação de *Eretmocerus eremicus a* 0,5 fêmeas por planta e por semana, combinada com três aplicações a meio da estação do regulador de crescimento de insectos kinoprene (Enstar II), conseguiu manter as densidades de ninfas vivas e de pupas de mosca branca abaixo do limiar na poinsétia.

CAPÍTULO 4

REFERÊNCIAS

Aiyanathan, K.E. 1995. Estudos sobre ecologia e gestão do vírus Y da batata na malagueta *(Capsicum annuum* L.). Tese de doutoramento, Universidade Agrícola de Tamil Nadu, Coimbatore, Índia.

Anitha K.R.2007. Incidência sazonal e gestão de pragas sugadoras do quiabeiro. Tese de Mestrado (Agri), Universidade de Ciências Agrícolas, Dharwad.

Anuradha, A., R.S. Annadurai e L.S. Shashidhara. 2007. Actin cytoskeleton as a putative target of the neem limonoid Azadirachtin A. *Insect Biochem. Mol. Biol.,* **37:** 627- 634.

Asaduzzaman, M., J.K. Shim, S. Lee e K.Y. Lee. 2016. A ingestão de azadiractina é letal e inibe a expressão dos genes da ferritina e da tioredoxina peroxidase da mosca branca da batata-doce, *Bemisia tabaci. Jornal de Entomologia da Ásia-Pacífico,* **19:** 1-4.

Aslam, M., M. Razaq, S.A. Shah e F. Ahmed. 2004. Comparative efficacy of different insecticides against sucking pest of cotton. *J. Res. Sci.,* **15(1):** 53-58.

Atakan, E. e R. Canhilal. 2004. Avaliação de armadilhas pegajosas amarelas a várias alturas para monitorizar as pragas de insectos do algodão. *J. Agric. Urban Entomol.,* **21(1):** 15-24.

Barma, P. e S. Jha. 2014. Estudos sobre bioecologia e voracidade do rolo de folhas *(Diaphania indica* Saunders, Lepidoptera: Pyralidae) em cabaça pontiaguda *(Trichosanthes dioica* Roxb.) *Academic Journals,* 9(36): 2790-2798.

Barrania, A.A. e K.H. Abou-Taleb. 2014. Eficiência de campo de alguns tratamentos inseticidas contra a mosca branca, *Bemisia tabaci,* pulgão do algodão, *Aphis gossypii* e seu predador associado, *Chrysoperla vulgaris,* em plantas de algodão. *Alex. J. Agric. Res.,* 59(2): 105-114.

Berlinger, M. J. 1980. Uma armadilha amarela pegajosa para moscas brancas, *Trialeurodes vaporariorum* e *Bemisia tabaci* (Aleyrodidae). *Entmologia Experimentalis et Applicata,* **27:** 98- 102.

Bisimwa, E., J. Walangululu e C. Bragard. 2012. Ocorrência e distribuição do begomovírus do mosaico da mandioca relacionado com o agro-ecossistema na província de Sud-Kivu, República Democrática do Congo. *Asian Journal of Plant pathology,* 6(1): 1-12.

Blackmer, J. L. e D. N. Byrne. 1993. Comportamento de voo de *Bemisia tabaci* numa câmara de voo vertical: efeito da hora do dia, sexo, idade e qualidade do hospedeiro. *Physiological Entomology,* 18(3): 223-232.

Blackmer, J.L. e D.N. Byrne. 1993a. Factores ambientais e fisiológicos que influenciam o voo fototático de *Bemisia tabaci. Physiological Entomology,* **18(4):** 336-342.

Butler, G. D., T. J. Henneberry e F. D. Wilson. 1986. *Bemisia tabaci* (Homoptera: Aleyrodidae) no algodão: Atividade dos adultos e preferência de oviposição por cultivar. *Journal of Economic Entomology,* 79(2): 350-354.

Byrne, D.N., R.J. Rathman, T.V. Orum e J.C. Palumbo. 1996. Migração localizada e dispersão pela mosca branca da batata-doce, *Bemisia tabaci. Oecologia,* **105** (3): 320-328.

Das, R. 2001. Estudos sobre a periodicidade da ocorrência de insectos e acarídeos importantes na cabaça pontiaguda, *Trichosanthes dioica* Roxb. (Cucurbitaceae). *J. Interacadem.,* 6(2): 174-179.

Dastogeer, K.M.G., M. Ashrafiizman e M.A. Ali. 2012. A relação vírus-vetor do *vírus do mosaico foliar da juta* (JLMV) e do seu vetor, *Bemisia tabaci* Gen. (Hemiptera: Aleyrodidae). *Jornal Asiático de Ciências Agrícolas,* 4(3): 188-192.

Day, P.K., S.K. Jana, G. Chakaraborty e A.K. Somchoudry. 2005. Avaliação do imidaclopride (70

WS e 20 SL) contra o complexo de pragas sugadoras do quiabeiro. *J. Ent. Res.*, **29(3):** 215-218.

Dobbs, R.R., N.W. Buehring, J.T. Reed e M.P. Harrison. 2006. Resposta de controlo de tripes a Temik e Gaucho no algodão UNR. *Res. Relatório 2006,* Mississippi Agril. Forest Exp. Station, Mississippi State Univ., EUA. **23:** 1-3.

Driesche,V. R. e S. Lyon, 2003. Compatibilidade de reguladores de crescimento de insectos com *Eretmocerus eremicus* (Hymenoptera: Aphelinidae) para controlo da mosca branca (Homoptera: Alyerodidae) em poinsétia: II. Ensaios em culturas comerciais de poinsétia. *Biol. Control,* **20:** 132-146.

Duftus, J. 1987. Transmissão de vírus de plantas pela mosca branca. ***In'.*** Current topics in vetor research, Kerry FH (Ed). Springer, Nova Iorque: 74-91

Ellsworth, P. C. e Martinez-Carrillob. 2001. Artigo de revisão IPM para *Bemisia tabaci'.* Um estudo de caso da América do Norte. *Crop Protection,* **20:** 853-869.

Flint, H. M. e N.J. Parks. 1989. Efeito da azadiractina da árvore de neem na mosca branca imatura da batata-doce, *Bemisia tabaci* (Homoptera: Aleyrodidae) e outras espécies de pragas selecionadas no algodão. *J. Agric. Entomol,* **6:** 211- 215

Gerling, D e A.R. Horowitz. 1984. Armadilhas amarelas para avaliar os níveis populacionais e os padrões de dispersão de *Bemisia tabaci* (Gennadius) (Homoptera : Aleyrodidae). *Annals of the Entomological Society of America,* **77:** 753-759.

Gerling, D., A.R. Horowitz e J. Baumgartner. 1986. Autoecologia de *Bemisia tabaci.* Actas do Simpósio sobre Ecologia e Controlo de *Bemisia tabaci*: XVII Congresso Internacional de Entomologia, 19-23 de agosto de 1984, Hamburgo. FRG. *Agricultura, Ecossistemas e Ambiente,* Edição Especial. **17:** 15-20.

Gerling, D.1990. Whiteflies their bionomics, pest status and management. Intercept Ltd.

Giri, S.1995. O padrão de incidência de dois aleurodídeos em diferentes meses. Tese de Mestrado. Bidhan Chandra Krishi Viswavidyalaya, Mohanpur, Nadia, Bengala Ocidental.

Govindachari, T.R. e G. Gopalakrishnan. 1998. Supermoléculas para o controlo de insectos. *J. Indian Chern. Soc.*, **75:** 655-661.

Hatti, K.S., L. Muralitharan, R. Hegde e A. Kush. 2014. NeeMDB: banco de dados conveniente para metabólitos secundários de neem. *Bioinformação,* **10:** 314-315.

Horowitz, A. R. 1984. Armadilhas amarelas para avaliar os níveis populacionais e os padrões de dispersão de *Bemisia tabaci* (Gennadius) (Homoptera: Aleyrodidae). *Annals of the Entomological Society of America,* **77:** 753-759.

Idris, A. B., S.A.N. Khalid e M.N. Mohammad. 2012. Eficácia dos desenhos e cores das armadilhas adesivas na captura da mosca branca alada, *Bemisia tabaci* (Gennadius) (Hemiptera: Aleyrodidae). *Pertanika J. Trop. Agric. Sci.,* **35(1):** 127-134.

Islam, S., A.D. Munshi, M.Verma, L. Arya, B. Mandal, T. K. Behera, R. Kumar e S. K. Lal. 2010. Genetics of resistance in *Luffa cylindrica* Roem. against *Tomato leaf curl New Delhi virus. Euphytica.* **174** (10): 83-89.

Janu, B. L. 2006. Betel vine- A Traditional Cash Crop of Rural India, Agro. Tech. Publishing Academy, Udaipur: 159-163.

Jayashree, K. 1996. Studies on yellow vein mosaic disease of pumpkin Tese de Mestrado (Agri.), Universidade Agrícola de Tamil Nadu, Coimbatore, Índia.

Jehan, B., El-Nagger e A. Nour El-Hoda Zidan. 2013. Avaliação de campo de imidaclopride e tiametoxame contra insetos sugadores e seus efeitos colaterais na fauna do solo. *J. Plant. Protec. Res.,* **53(4):** 375-387.

Kale, J.V., D.W. Wadnerkar, P.R. Zanwar e P.D. Sangle. 2005. Bioeficácia dos novos insecticidas contra os insectos que atacam o quiabeiro. *Pestology,* **29:** 9-12.

Kandan, A., R. R. Commare, R. Nandakumar, M. Ramiah, T. Raguchander e R. Samiyappan. 2002. Indução do metabolismo dos fenilpropanóides por *Pseudomonas fluorescens* contra o vírus da murchidão do tomateiro. *Folia Microbiologica,* 47: 121 - 129.

Karthikeyan, K., D. Sabitha, R. Rabindran e T. Ganapathy. 2009. Avaliação de princípios antivirais para a indução de resistência sistémica em blackgram *(Vigna mungo)* contra *o vírus Urdbean Leaf Crinkle. Archives of phytopathology and plant protection,* 42(12): 1172-1186.

Krishnamoorthi, S. 1994. Gestão da doença do enrugamento das folhas da grama preta *(Vigna mungo* (L.) Hepper) utilizando princípios antivirais. Tese de Mestrado (Ag.), Universidade Agrícola de Tamil Nadu, Coimbatore, Índia.

Kumar, P. e H.M. Poehling. 2006. Persistência de tratamentos com azadiractina no solo e foliares para controlar a mosca branca da batata-doce, *Bemisia tabaci* Gennadius (Homoptera: Aleyrodidae) em tomates em condições controladas (laboratório) e no campo (estufa com rede) nas regiões tropicais húmidas. *J. Pest. Sci.,* **79:** 189-199.

Kumar, P. e H.M. Poehling. 2007. Efeitos da azadiractina, abamectina e espinosade na mosca branca da batata-doce (Homoptera: Aleyrodidae) em plantas de tomate em condições de laboratório e estufa nas regiões tropicais húmidas. *J. Econ. Entomol,* **100:** 411-420.

Lal, O.P. e S.R. Singh. 2005. Impacto do tratamento de sementes com imidaclopride juntamente com algumas pulverizações insecticidas contra insectos nocivos do quiabeiro. *Indian J. Entomol.* 67(4): 328- 333.

Lacey, L. A. e M. Goettel.1995. [st]Desenvolvimento atual do controlo microbiano das pragas de insectos e perspectivas para o início do século XXI. Entomophaga, 40: 3-27.

Lavanya, N., D. Saravanakumar, L. Rajendran, M. Ramiah, T. Raguchander e R. Samiyappan. 2006. Gestão do vírus da necrose do girassol através de substâncias anti-virais. *Archives ofphytopathology and plant protection,* **42(3):** 265-276.

Lavanya, N., M. Ramaiah, A. Shankaralingam P. Renukadevi e R. Velazhahan. 2009. Identificação do hospedeiro de um vírus associado à doença *do vírus da necrose do girassol. Ata PhytopathoL,* **40:** 31-34.

Legg, J. P. 1994. *Bemisia tabaci:* O vetor da mosca branca dos geminivírus do mosaico da mandioca em África: uma perspetiva ecológica. *African Crop Science Journal,* **2:** 437-448.

Lodge, K., K. Knaiequski e E. Turner. 1993. Resistência a vírus de largo espetro em plantas transgénicas que expressam a proteína antiviral pokeweed. *Proc. Natl. Acad. Sci USA,* **90:** 7089 -7093.

Mahato S., S.S. Kundu, A.K. Somchoudhury e P.K. Sarkar. 2008. Danos causados por dois ácaros, *Tetranychus urticae* Koch (Acari: Tetranychidae) em calêndula e sua gestão com bio-racionais: West Bengal perspective. *J. Ent. Res,.* **32** (1): 31-34.

Meena, N.K., P.M. Kanwat e J.K. Sharma. 2009. Incidência sazonal de cigarrinha e mosca branca no quiabeiro, *Abelmoschus esculentus* (L.) Monech. *Disease Reporter.* **62:** 259- 262.

Meena, N. K., P. M. Kanwat e J.K. Sharma, 2012. Incidência sazonal da mosca branca no quiabo, *Abelmoschus esculentus* (L.) Monech. *Disease Reporter. 4:* 184-189.

Meena, N.K., R. Pal, R.P. Pant e R.P. Medhi. 2013. Incidência sazonal de ácaros e influência da aplicação de pesticidas na produção de flores de orquídeas. *Journal of Plant Protection Research,* 53(2): 124-127.

Meena, R.S., O.P. Ameta e B.L. Meena. 2013a. Dinâmica populacional de pragas sugadoras e sua correlação com parâmetros climáticos em pimenta, *Capsicum annum* L. Crop. *An International Quarterly Journal of Life Science,* 8(1): 177-180.

Meyerdirk, D.E., D. L. Coudriet e N. Prabhaker. 1986. Dinâmica populacional e estratégia de controlo da *Bemisia tabaci* no vale imperial, Califórnia. Agriculture, *Ecosystems & Environment,* 17(1-2): 61-67.

Mohan S. 1995. Estudos sobre o vírus do mosaico amarelo do feijão *(Vigna mungo).* Tese de doutoramento, Universidade Agrícola de Tamil Nadu, Coimbatore, Índia.

Mordue, A.J. e ABlackwell. 1993. Azadirachtin: Uma atualização. *J. Insect Physiol,* **39:** 903-924.

Morgan, E.D. 2009. Azadiractina, uma mina de ouro científica. *Bioorg. Med. Chern.,* **17:** 4096-4105.

Mound, L. A. 1962. Estudos sobre o olfato e a sensibilidade cromática de *Bemisia tabaci* (Genn.) (Homoptera: Aleyrodidae). *Entomologia Experimentalis et Applicata,* 5(2): 99-104.

Muhammad, A.A., Y. Rafiq-ur-Rehman, T. Hussain e A. Zulfiqar. 2005. Avaliação de diferentes insecticidas para o controlo da mosca branca na cultura do algodão em Karor District Layyah. *Pak. Entomol.,* **27(1):** 5-8.

Muniyappa, V., M.N. Marathi, C.R. Babitha, J. Colvin, R.W. Briddon e K.T. Rangaswamy. 2003. Caracterização do *Pumpkin yellow vein mosaic virus* da Índia. *Ann. Appl. Biol.,* **142:** 323-331.

Musuna, A. C. Z. 1986. Um método para monitorizar a mosca branca, *Bemisia tabaci* (Germ.), no algodão no Zimbabué. *Ecossistema Agrícola e Ambiente,* **17:** 29-35.

Nandihalli, B.S., B.V. Patil e S. Lingappa. 1999. Dinâmica populacional da mosca branca do algodão *Bemisia tabaci* (Genn.). *Karnataka J. Agric. Sci.,* **6:** 25-29.

Narayanasamy, P. e M. Ramiah 1983. Efeito de extractos de folhas de culturas de painço na produção de lesões pela estirpe de mosaico de anel de amendoim do *vírus da murchidão manchada do tomateiro. Proc. Seminário Nacional sobre a Gestão de Doenças de Culturas Oleaginosas,* Universidade Agrícola de Tamil Nadu. Madurai, Índia: 11 - 12.

Netarn, H.K., G. Rajeev e S. Shivam. 2013. Bioeficácia de insecticidas como tratamento de sementes contra pragas sugadoras precoces da cultura da soja. *Int. J. Sci. Res.,* 2(l):688-690.

Patel, I.S. e N.B. Rote. 1995. Incidência sazonal do complexo de pragas sugadoras do algodão em condições de sequeiro no sul de Gujarat. *Gujarat Agric. Univ. Res. J.,* 21(1): 127-129.

Pereira, C. e H. Laurentian. 2001. Comportamento de voo da mosca branca do tabaco (Homoptera: Aleyrodidae) em sésamo *(Seasamum idicum* L.) na Venezuela. *Entomotropica,* **16:** 47-51.

Prasanna, A.R., M. Bheemanna e B.V. Patil. 2004. Avaliação do thiamethoxam 70 WS como tratamento de sementes contra o minador de folhas e a praga sugadora precoce do algodão híbrido. *Karnataka J. Agric.,* **17:** 238-241.

Preetha, G., T. Manoharan, S. Kuttalam e J. Stanely. 2007. Aplicação foliar de imidaclopride 17.8 SL contra o pulgão do feijão, *Aphis gossypii* Glover. *Pest. Manag. Hort. Ecosyst.,* 13(2): 134-138.

Pun, K.B. 1995. Estudos sobre a doença *do vírus do mosaico das nervuras amarelas* do quiabeiro *(Abelmoschus esculentus (L.)* Moench). Tese de doutoramento, Universidade Agrícola de Tamil Nadu, Coimbatore, Índia.

Purohit, B. K., B. S. Rana, H. K. Jain e A. Pareek. 2010. Seasonal incidence of major sucking pests of cucumber (Incidência sazonal das principais pragas sugadoras de pepino). *Indian*

Journal of Applied Entomology. 24(2): 155-156.

Ragupathi, N. 1995. Estudos sobre a doença do enrolamento das folhas do tomateiro *(Lycopersicon esculentum* Mill.). Tese de doutoramento, Universidade Agrícola de Tamil Nadu, Coimbatore, Índia.

Rajakumar, E., P.S. Hugar e K.N. Kattimanl. 2005. Incidência sazonal do ácaro da aranha vermelha, *Tetranychus urticae* Koch. (Acari: Tetranychidae) em Jasmim *Karnataka J. Agric. Sci.,* 18(1): 150-153.

Rajinimala, N. e R. Rabindran. 2007. Primeiro relatório do *vírus indiano do mosaico da mandioca* na cabaça amarga *(Momordica charantia)* em Tamil Nadu, Índia. *Australian Plant Disease Notes,* 2:81-82.

Rajinimala, N., R. Rabindran e M. Ramiah. 2009. Gestão do *vírus do mosaico amarelo da cabaça amarga* (BGYMV) através da utilização de produtos químicos inibidores, agentes de biocontrolo, princípios antivirais (AVP) e inseticida. *Archives ofphytopathology and plant protection,* 42(8): 738-750.

Rana, S.C., P.B. Singh, V.K. Pandita e S. N. Sinha. 2006. Avaliação de insecticidas como tratamento de sementes para controlo de pragas sugadoras precoces na cultura de sementes de quiabo. *Ann. Pl. Protec. Sci.,* **14** (2): 364-367.

Rao, C., V.V. Rao, N. Bhavani e N.V. Naidu. 2008. Bioeficácia de certos insecticidas novos contra o pulgão lanígero da cana-de-açúcar, *Ceratovacuna lanigera* Zehntner. *Pestology,* **32(11):** 44-46.

Rao, G.P., R.K. Singh, A.K. Pandey e R. Singh. 1985. Indução de resistência local e sistémica do vírus X da batata por extractos de flores. *Indian J. Virol.,* **1:** 174 - 182.

Rao, N.V., A.S. Reddy e K.T. Rao. 1991. Monitorização da mosca branca do algodão, *Bemisia tabaci* Genn. com armadilha pegajosa. *Madras Agric. J.,* **78:** 1-7.

Raghuraman, M. e G.P. Gupta. 2005. Efeito dos neonicotinóides na mosca branca, *Bemisia tabaci* no algodão. *Ann. Pl. Protec. Sci.,* 14(1): 65-68.

Reddy, K.J., L. Wang, e S.P. Gloss. 1992. Extrato de folhas de *Mirabilis jalaba* L. induziu a defesa do tomateiro *(Lycopersicum esculentum* Mill.) contra a infeção *pelo vírus do mosaico do pepino* (CMV). *J. Trop. Plant Prot.,* 1(1): 46-51.

Salalrajan, F. 1988. Estudos sobre a doença do vírus do mosaico amarelo do feijão Urd *(Vigna mungo* (L.) Hepper). Tese de Mestrado (Agri.), Universidade Agrícola de Tamil Nadu, Coimbatore, Índia.

Salam, S.A., M.S. Patil e A.S. Byadgi. 2011. Situação da incidência *da doença do vírus do mosaico amarelo do feijão mungo* na grama verde. *Karnataka J. Agric. Sci.,* **24** (2): 247-248.

Salehzadeh, A., A. Akhkha, W. Cushley, R.L. Adams, J.R. Kusel e R.H. Strang. 2003. O efeito antimitótico do terpenóide de neem azadiractina em células de insectos em cultura. *Insect Biochem. Mol. Biol.,* 33: 681-689.

Senanayake, D. M. J. B., A. Varma e B. Mandal. 2012. Relações entre vírus e vectores, gama de hospedeiros, deteção e comparação de sequências do *Chilli leaf curl virus* associado a uma epidemia de doença do enrolamento das folhas da malagueta em Jodhpur, Índia. *J. Phytopathol,* **160:** 146- 155.

Senapati, B. e G. B. Mohanty. 1980. A note on the population fluctuation of sucking pests on cotton, *Madras Agric. J.,* 67(7): 624-630.\

Sharma, O.P., R. C. Laveker, A. K. Pandey, K.S. Rathode, A. A. Jafri, K.S. Murthy, R.N. Singh e O. M. Bambawale. 2001. Validação e adaptação do módulo IPM de algodão bio-intensivo na aldeia de Sonkhed e Dongargaon no sul de Maharashtra. *Ann. Pl. Prot. Sci.*, 9(2): 193-200.

Sinha, S. R. e R.K. Sharma. 2007. Eficácia dos neonicotinóides contra as pragas de insectos do quiabeiro. *Pesticide Res. J.*, 19(1): 42-44.

Sohrabi, F. Shishehbor, M. Saber e M. S. Mosaddegh. 2011. Efeitos letais e subletais da buprofezina e do imidaclopride em *Bemisia tabaci* (Hemiptera: Aleyrodidae). *Crop Protec,* **30:** 1190-1195.

Suresh, S. e P. Chakaravitha. 2007. Incidência sazonal de pragas economicamente importantes de Tamil Nadu. ***In:*** Actas do XI Simpósio Internacional sobre Insectos de Escama, Lisboa, Portugal, pp. 285-291.

Uthamasamy, S. P., P. Sivasubramanian e D. Thangaraju. 1990. Monitorização da mosca branca *(Bemisia tabaci)* no algodão de terras altas *(Gossypium hirsutum). Ind. J. Agric. Set,* **60:** 744- 746.

Veitch, G.E., A. Boyer e S. V. Ley. 2008. A história da azadiractina. *Angew. Chem. Int. Ed. Engl.* 47: 9402-9429.

Vinaykumar, J. e K. Malik. 2008. Avaliação de diferentes insecticidas contra o pulgão verde do pêssego, *Myzuspersicae* (Sulzer) na cultura da batata. *J. Ent. Res.,* **32(1):** 49-51.

Youngman, R. R., N.C. Toscano, V.P. Jones, K. Kido e E.T. Natawick. 1986. Correlations of seasonal trap counts of *Bemisia tabaci* (Homoptera: Aleyrodidae) in South-Western Califoma. *Journal of Economic Entomology,* **79:** 67-70.

Zakhidov, F.M. 2001. Whitefly in Uzbekistan. *Zashchita I Karanatin Rastenii,* **11:** 21.

Zhang, L., S.M. Greenberg, Y. Zhang e T. X. Liu. 2011. Eficácia do tratamento de sementes com tiametoxame e imidaclopride contra *Bemisia tabaci* (Hemiptera: Aleyrodidae) no algodão.

Pest. Manag. Sci., **67:** 226-232.

MIX
Papier aus verantwortungsvollen Quellen
Paper from responsible sources
FSC® C105338

Printed by Books on Demand GmbH, Norderstedt / Germany